写给孩子的编程课

[日]谷口允 著

吕艳 译

天津出版传媒集团

天津科学技术出版社

著作权合同登记号　图字：02-2023-186

图书在版编目（CIP）数据

写给孩子的编程课 / (日) 谷口允著 ; 吕艳译 . ——
天津 : 天津科学技术出版社 , 2023.12
　ISBN 978-7-5742-1669-3

　Ⅰ . ①写… Ⅱ . ①谷… ②吕… Ⅲ . ①程序设计 – 青
少年读物 Ⅳ . ① TP311.1–49

中国国家版本馆 CIP 数据核字 (2023) 第 208481 号

写给孩子的编程课
XIEGEI HAIZIDE BIANCHENGKE
责任编辑：刘　颖

出　　版：**天津出版传媒集团**
　　　　　天津科学技术出版社
地　　址：天津市西康路 35 号
邮　　编：300051
电　　话：（022）23332372
网　　址：www.tjkjcbs.com.cn
发　　行：新华书店经销
印　　刷：唐山富达印务有限公司

开本 880×1230 1/32 印张 4 字数 76 000
2023 年 12 月第 1 版第 1 次印刷
定价：50.00 元

开启有趣的编程体验
培养未来时代需要的能力

近年来，日本小学生和初中生有更多的机会接触到"编程"这个词，你是否也有同感？编程教育已成为学校的必修课（日本高中从 2022 年开始），在 2025 年 1 月举行的高考中，日本还将引入涉及信息技术的"信息"科目，其中便包括编程。当今时代，"游戏制作人、游戏程序员"在男生未来想从事的职业中名列前茅。在这种背景下，编程学校的数量不断增加，书店里也陈列出了更多的编程学习资料。

如果会编程，你就可以和计算机"对话"，让计算机做你想让它做的工作。当然，也许你还会因此而从事一份梦寐以求的工作，不仅可以制作游戏，甚至还能通过计算机开发互联网新服务，并使用人工智能进行研究……

我是一名"现役选手"，从事编程（即程序员）工作约 20 年，主要在互联网行业中创建网络应用程序。同时，我还创办了一家名为"TOMOSTA"的公司，致力于通过网络视频等提供学习支援服务，不断壮大程序员的队伍。

12 岁时，我曾用父亲借给我的电脑玩游戏，那时我就有了"成为一名游戏制作人"的梦想，并即刻开始学习编程。遗憾的是，我从专修学校毕业后并未成为游戏制作人，但基于在学校学习到的那些知识，我成了一名程序员。

程序员能让自己思考得出的程序内容有形化并且供人使用，用程序的力量解决他人备感困惑的问题。因此，这个职业很有吸引力。

然而，学习编程并不意味着你必须成为一名程序员。在学校学习编程本来就不以掌握程序员所需的技能为主要目的，其重点在于了解计算机构造，提高有效开展工作的规划力、独立思考的能力、想象力和解决问题的能力。这一技能，将为身处任何行业、岗位的你提供足够的帮助。

学习编程是当今时代所需，也非常具有吸引力。因此，请不要拘泥于刻板严肃的学习模式，尽情在编程中体验纯粹的快乐吧！

谷口允

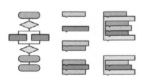

第 1 章

了解编程

第 4 章

了解编程语言

第 5 章

了解计算机构造

第 6 章

成为"编程大脑"

第 7 章

学习编程的方法

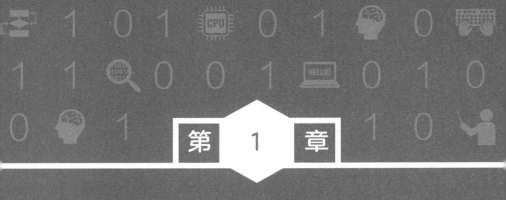

第 1 章

了解编程

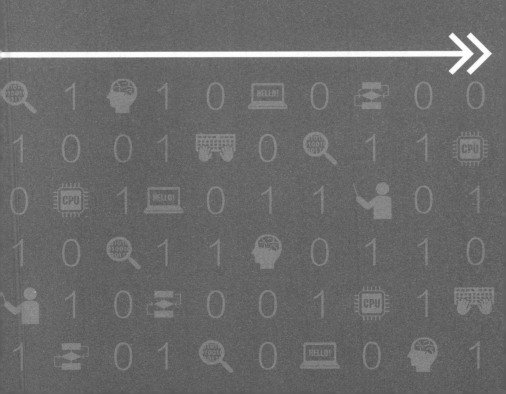

什么是编程？

人类向空调、电脑、游戏机、智能手机等发出指示和命令后，这些设备中的计算机都将按照程序化指令开展工作。

想 一 想

● 你在日常生活中听说过"程序"这个词吗？

● 如果可以向计算机发送指令，你想让它做些什么？

>> 日常生活中不可缺少的程序的力量

编程是"编写程序"的简称，而程序就是向计算机（见"知识拓展"）发出命令或请求，要求它做某事。

在现代人类的生活中，几乎处处离不开计算机。例如，在炎热的夏天使用的空调，只需按下遥控器上的电源按钮，空调就会开始运行。设置温度后，程序将调整风的强度，此后，空调送风会自动由强变弱。也就是说，空调也属于计算机范畴。

能播放自己喜欢的节目的电视和自动烹制美味米饭的电饭煲中也都有计算机，人类驾驶和操控的汽车与飞机亦是如此……人类可以借助程序的力量向这些机器发送指令并自由地控制它们。

知 识 拓 展

计算机（computer）

在日语中，计算机被称为"电子计算机"，是一种依靠电力进行各种计算的现代化智能电子设备，可以通过计算空调的温度和汽车的速度来自动调整其运行状态……你也可以尝试寻找身边的计算机。（更详细的说明，见第 5 章）

什么是程序员?

其实程序员有多种类型!

在编程领域,不仅编程语言众多,精通各种编程语言的程序员这一职业也被进行了细致的划分,比较典型的有游戏程序员、网络程序员和人工智能程序员。

想 一 想

- 你想编写什么程序?
- 你的理想职业是什么?

>> 将思想转化成计算机可以理解的语言

如果会编程，你就能够把它用于自己谋生的工作。从事此类工作的人通常被称为程序员，现在它成了一种职业的代名词。实际上，人们还根据专业领域对程序员进行了细致地划分，例如，游戏程序员、网络程序员和人工智能程序员。

我们可以把程序员的工作理解为将一种语言翻译成其他语言的"翻译官"，他们会将人类对于计算机应用的想法翻译成只有计算机才能理解的语言，即编程语言。

然而，编程实际上还需要其他一些专业知识。例如，游戏程序员需要物理和数学知识，网络程序员需要通信技术知识，人工智能程序员需要高等数学知识。有关这一话题的详细内容，我将在第2章"编程工作"中做出介绍。

知 识 拓 展

计算机工程师

他们也被称作"工学者"。与程序员类似，但含义更为广泛，指的是制造计算机的技术人员。有时人们会说明其专业范围，例如，服务器工程师或系统工程师等。

学习编程有助于未来

自 2020 年起，编程成为日本小学的必修课。但"编程教育必修化 = 掌握计算机技能"并非该举措的唯一目的。编程需要有条不紊地思考，需要试错的勇气和解决问题的能力，将编程列入必修课程的目的就是培养学生的思维能力，这种思维能力是未来世界要求人们必备的素质。

想 一 想

● 你认为编程知识会在未来什么时候发挥作用？

编程可助力培养未来时代需要的能力

自 2019 年左右起，我们便经常能听到"编程"这个词，编程被纳入学校课程，书店里也摆满了编程入门书籍，很多地方还开设了编程学校。

为什么现在大家都如此关注编程？程序对人类当前的生活至关重要，人们在使用家电、网上购物、玩游戏……时，程序总会在幕后发挥着重要作用，这就是程序在当今时代变得越来越重要的原因。

此外，在创建程序的过程中，让程序高效并且有序运行的"算法"（第 9 页）也受到了人们的重视。通过编程，人们会自然而然地加强数学思考力和逻辑思考力等。即使将来的目标不是成为一名程序员，仅从成年后投身社会工作这一点出发，学习编程也与学习语文、数学等一样重要。

知 识 拓 展

软件和硬件

计算机中各种元件都由质地坚硬的物质构成，基于这一特性，人们会将其称为"计算机硬件（硬件）"，而在其中运行的程序则被称为"计算机软件（软件）"。玩游戏时，人们通常都会选择自己想玩的游戏软件，事实上，游戏软件也是计算机软件的一种。

在学校能学习到哪些有关编程的知识?

创建程序时,人们会尽可能让程序高效运行。这种思维方式在日常生活中也很有用。例如,"能以怎样的速度尽快到达目的地",即是高效的算法思维。

想 一 想

 ● 怎样才能掌握高效的推进力和规划力?

>> 学习高效达成目标的方法

有些人可能会想："我对当程序员没有兴趣，所以不想学习编程。"不过，之所以将编程课纳入学校教育，并不是为了壮大程序员的队伍，而是为了培养学生的算法思维。

算法（Algorithm）指解题方案或计算方法，是探寻问题答案的途径。

在编程中，得出答案的途径并不是唯一的。例如，上页图中的两条路线都可以到达山顶，但相对而言，右侧的路线可以让人更快抵达目的地。在编程过程中也是如此，如果不尽可能地创建出高效的程序，执行程序期间，计算速度可能就会变慢，使用户的等待时间变长。

不仅是编程，在日常生活和未来的工作中，高效的算法思维能力还将演变为逻辑思考与规划、推进事物发展的能力，所以才会受到如此关注。

知 识 拓 展

与编程有关的工作在当今时代已成为学生的理想职业

"游戏制作人"在日本男生将来想从事的职业中排名第一。这一职业是制作游戏的工作人员的总称，泛指制作各种系统和软件的人。这项工作需要从业者同时具备创造力和辨别力，通过编程让游戏顺利运行。

2020 年日本小学生的理想职业

男生	顺位	女生
游戏制作人、游戏程序员	1	艺人
自媒体人	2	漫画家、漫画创作工作者、插画家
足球运动员	3	西点师
棒球运动员	4	自媒体人
研究者、科学家	5	保育员、幼儿园老师

编程必须具备哪些知识?

> 我想成为一名程序员!

如果想成为一名程序员,就需要具备 3 种能力。当然,学校教授的知识也是必需的。

想 一 想

● 创建程序需要掌握学校教授的哪些知识?
● 你认为什么样的人适合做程序员?

010

>> 每天在学校学到的知识很重要

要成为一名程序员，到底需要学习什么呢？下面我将一一做出介绍。

● 计算机知识

编程可以简单理解为向计算机发送指令，所以如果对计算机本身了解不深，我们就无法判断"什么可以做，什么不能做""怎么做才能让计算机按照自己的指令运行"以及"这样做需要哪些必要条件"。你也可以在第 5 章"了解计算机构造"中学习相关内容。

● 数学和英语知识

正如我前面提到的，编程需要数学思考力。但除此之外，还需要具备一定的英语能力。

目前大部分编程语言都是用英文字母来表示的，因此，要成为一名程序员，就需要具备阅读英语信息和书写简单英语单词的能力。

● 整理能力

真正开始创建程序后，工作内容会变得越来越复杂甚至混乱起来。所以，一旦达到一定阶段，就需要进行整理。这里所说的整理通常被称为"重构"，如果没有整理、整顿程序的能力，就无法创建大型程序。

以上 3 种能力不仅在编程中非常有用，在日常生活中也至关重要。想成为一名程序员，就必须着重培养这些能力。

是否有适合或不适合学习编程之说？

学习编程并不容易，有些人可能还会觉得很难——但没有人从一开始就能做所有事情。想学习编程，就需要在反复出错的过程中逐一攻破出现的难题，最终掌握编程的技巧。

想 一 想

- 你是否认为有些人从一开始就可以做任何事情？
- 你是否也想自己创建程序？

>> 首先要知道编程的乐趣

有人可能会想："我数学不好，也不善整理，所以我学不了编程。"不过请放心，编程并非高深莫测。近年来，编程的门槛已经降低了很多。例如，拿写作来说，为了能写出一篇完整的文章，日本人必须学习大约2000个词汇。此外，还有无数的规则和表达方式。但人们并不是在记住所有词汇、规则以及表达方式之后，才能说话或写作的。即使一开始只会使用一些简单的词，人们也依然能表达自己想说的话并将想法传达给家人和朋友。不过，人们总是在持续不断地接纳新知识，每当记住新的表达方式后，也会在自己的生活中加以运用。通过反复地接纳与运用，每个人都会逐渐掌握更多的规则与表达方式。

编程亦是如此，首先，你可以通过"可视化编程"（第18页）体验编程的乐趣，再根据自己的想法尝试并掌握更多的相关技能。

知识拓展

爱好生巧匠

日语中有句话叫"爱好生巧匠"，意味着一个人在做自己喜欢做的事情时，就会认真对待，因此其能力可以快速得到提高，获得好的结果。没有什么比学习编程更适合这句话了。但编程知识无穷无尽，因此，即使尝试将其作为一个科目来学习，也很难坚持下去。如果能在一定程度上把基础打牢，就可以尝试创建自己想做的程序，在这个过程中，自然就能掌握更多的知识了。

通过编程在电脑屏幕上显示文字

想 一 想

● 什么是编程语言？
● 如何使用编程语言？

>> 使用计算机特有的语言创建程序

在实际编程中，我们该如何操作呢？左页图中计算机屏幕上的字符就是使用一种名为"JavaScript"的编程语言创建的程序指令，意为"请在画面上显示'你好！'"（我将在第43页做出介绍）。它看上去既像英语，又像数学公式，神秘感十足。

编程语言是计算机特有的语言，以字符形式呈现出了编程过程中所必需的程序指令。下面，我们就一起来分解一下左页中的程序文本。window→"在窗口中"，alert→"请显示小窗口"，（'你好！'）→字符"你好！"。如果把这条程序翻译为我们可以理解的语言，意思就是：请在窗口中弹出小窗口，显示"你好！"。

创建程序前，首先要记住"window""alert"和"你好！"等单词以及有关词汇排列顺序的"语法"，之后再编辑、发送指令——这个编辑程序让计算机执行的过程就叫编程。

知识拓展

编程语言

除了上面介绍的 JavaScript，还有 HTML、Java、PHP、C#、C++ 等多种编程语言，有关编程语言的详细内容，我将在第4章"了解编程语言"中做出介绍。

不会英语也可以编程吗?

window -> 窗户

alert -> 警告

快速读懂英语很难,记住键盘上不规则的字母排列也很难。你可以通过反复练习来逐渐掌握,而不是试图立即记住这些知识……最重要的是勇敢迈出第一步。

想 一 想

● 学编程从几岁开始?

● 不会英语也可以编程吗?

>> 一定的英语能力是必不可少的

一个人从几岁开始就可以学习编程了？其实如果内容简单，4~5 岁的幼儿就可以创建程序。

但是，如果是在日本等非英语母语的国家，学生在学习编程的过程中，很可能就会因为编程之外的环节而备感沮丧、受挫了。

● 英语单词

程序中会经常用到"window"和"alert"等英语单词，如果母语是英语，无须专门学习就知道这两个单词的意思分别是"窗口""通知（警告）"。

但如果不懂英语，这些单词就只是单纯的字母排列，不免让人觉得很难。因此，编程需要一定的英语能力。

● 键盘

编程语言要使用键盘输入，但键盘上的字母排列顺序杂乱无章，很难记住。此外，键盘的每个键上只印有大写或小写字母，因此想学习编程，还必须能够区分大小写字母。另外，日语可以使用"假名键盘"输入，但编程通常使用罗马字母输入。所以，编程还需要学习罗马字母的知识。如上所述，对于不会英语的人们而言，英语的确是学习编程的一大障碍。

因此，编程领域中也陆续出现了不受英语束缚即可编程的工具，其中之一便是下一页中介绍的"可视化编程"。

不懂英语也能进行可视化编程

下面我将介绍 3 种典型的可视化编程！

SCRATCH

可以使用模块轻松地发送指令！

VISCUIT

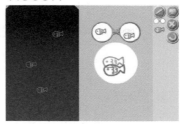

用"眼镜"让插图动起来！

SPRINGIN

只需点击图标就可以
让插图动起来！

想 一 想

● 哪一种可视化编程更有趣？

>> 从可视化编程开始学编程

在编程过程中，人们基本是使用被称为"代码"的英语单词以文本形式进行编写，但是，突然要求一个儿童去录入英语单词的确太难了。所以，首先，你可以使用一种名为"可视化编程"的工具（指工具类软件），利用图标和图片等可视化元素进行编程，而不是一味地"敲代码"。通过可视化编程，人们可以轻松享受编程的乐趣。

● Scratch

提起可视化编程，人们通常会立即联想到非常有名的工具类软件"Scratch"，即通过组合左页"Scratch"中位于左侧的"模块"来创建程序。通过 Scratch 制作复杂的程序是相当困难的，但如果尽力钻研，我们是可以将摄像头、麦克风或者人工智能运用到制作程序的过程中的（详见第 58 页）。

● Viscuit

Viscuit 是使用"眼镜"图标进行编程的工具，如果在"眼镜"左侧制作图像的原始状态，按照指令，右侧将发生变化，体现目标状态。我们可以通过 Viscuit 轻松创建简单的动画与游戏。

● Springin

Springin 是可在 iPad 等平板电脑上使用的一种工具，我们可以为自己绘制的插图设置"重力""弹力"等，来制作有趣的动态画面和简单的游戏。

和鼠标、键盘交朋友

通过绘图和打字熟悉电脑！

点击电脑屏幕左下角的"开始"按钮。
滚动应用程序列表并点击"W"字母索引区域的"Windows 附件"。
点击"画图"。

打开电脑画图软件，用鼠标画出
喜欢的图画。

使用"e-typing"玩键盘打字游戏。

想 一 想

● 你可以用鼠标画出什么样的图画？
● 你使用电脑键盘打字的速度是否已经得到了提高？

如果喜欢并且可以快乐地进行可视化编程，你一定会想使用编程语言尝试真正意义上的编程。但是，要正式学习编程，就需要熟悉鼠标和键盘的使用。在这里，我将介绍 2 种能让你更加熟悉并掌握电脑操作的方法。

● 利用电脑中的"画图"工具进行绘图

如左页图所示（使用 Windows 操作系统），按照顺序逐一点击（按鼠标键）[开始] → [Windows 附件] → [画图]，启动画图软件。

"画图"程序是一个绘图工具软件，我们可以在按下鼠标左键的同时通过移动光标来绘制线条，在自由绘制圆形、方形和心形等各种形状的过程中熟悉鼠标的操作。

● 利用"e-typing"练习打字

键盘是输入文字的主要工具，我们可以使用名为"e-typing"的网站进行打字练习。当然，在正式开始练习前，我们首先要使用搜索引擎搜索"e-typing"。

进入程序后，点击"技能测试"按钮，电脑屏幕就会显示题目，我们便可按照题目所示内容进行打字练习。用键盘输入字母的那一刻起，便视为游戏开始。刚开始练习时可能比较难，逐渐熟悉键盘后，打字速度自然会变快。

你可以尝试通过每天练习和游戏，逐渐熟悉并记忆电脑键盘上各键的位置。

为什么编程语言的数量增加了？

任何事物都是越早接触越好，学习编程也是一样，4岁左右就可以尝试了。

无论未来从事何种工作，学习编程都绝对有益无害。除了培养创建程序的技能外，学习编程还能培养思考、组织、分解、重组事物的能力，提高计划推进能力、决断力和独自解决问题的能力，以及奠定未来所需的各种能力的基础。

不管从什么时候开始学编程都不晚，即便是初中生或大学生也都可以从零开始学习编程。即使在成年后，任何人也都可以将成为一名程序员作为自己的目标（尽管这可能是一个很难实现的梦想）。

如果一个成年人想让自己日常工作中使用键盘录入的过程变得更加轻松，或者想按照自己的想法对正在使用的软件进行完善，又或是想要进行一些DIY（自己制作或修理物品），只要会编程，就能够让自己与梦想更加接近。随着"DX"（数字化转型）一词的流行，通过数字化提升工作效率的理念已广泛且深入地渗透到了当今社会的各个领域。

Java Script

Swift

C#

HTML

Java

PHP

第 2 章

编程工作

游戏程序员的岗位职责

正因为喜欢玩游戏，所以才会想要自己开发游戏！

这是重点！

·针对玩家的操作，计算角色和怪物的移动并进行整体创建

·需要三维计算机图形（3DCG）等高阶的编程知识

想 一 想

● 你认为游戏程序员会思考游戏中的一切问题吗？

● 你是否认为只要喜欢玩游戏就可以成为一名游戏程序员？

>> 备受孩子们欢迎的工作

谈起编程，游戏程序员可以算是程序员中最典型的一个岗位。

在游戏中，首先会有被称作"筹划者"的人思考游戏的规则和世界观，其次还有许多从事"剧本作家"和"角色设计师"等工作的人参与其中，共同完成游戏的素材创作。之后，所有素材都将被录入电脑，根据玩家的操作让角色移动、和敌人战斗，推进剧情……而游戏程序员的工作就是完成各组件的调动，对游戏进行整体呈现。

游戏程序员是一个流行且看似光鲜的职业，但实际上做的是程序员中难度相当大的一项工作。特别是在最近广受欢迎的家用游戏中，图形和角色动作都非常逼真。这些都需要相当高水平的编程知识，例如三维计算机图形（3DCG）的换算和基于物理定律的运动程序等。

知 识 拓 展

Unity

Unity 是一种游戏引擎，被视作游戏编程的基础，也是目前游戏行业广泛使用的软件之一。

有了 Unity，一个人也能轻松开发游戏！熟悉编程后，使用 Unity 进行游戏开发也是非常值得你去挑战的。

软件工程师和应用程序开发人员的岗位职责

应用程序和软件开发似乎十分有趣！

这是重点！

· 开发用户需求的功能和服务系统，追求易用性
· 自己的理念可以在全世界得到使用

想 一 想

● 你认为软件工程师会在什么样的公司工作？

● 你认为应用程序开发人员能否自己完成整个开发过程？

>> 创建满足客户要求的程序

为电脑与智能手机开发应用程序和软件的程序员是应用程序开发人员和软件工程师，这种程序员可以进一步分为 3 类。

● 开发公司的程序员

开发公司指专门从事程序制作（也称为"开发"）的公司。在此类公司任职的程序员们会应客户（也称为"委托人"）提出的制作某种软件和程序的要求创建程序。例如，应某企业提出的制作游戏或开发用于银行 ATM 机的程序的要求，开发公司将组建内部开发团队并制作程序，程序员有机会从事各种程序的开发。

● 服务公司的程序员

服务公司指销售自己制作的软件并借此提供服务的公司。例如，此类公司会开发并提供自己的"预约""日程管理"等服务系统。他们还将持续更新软件，以改善自己公司的服务。在此类公司任职的程序员有机会持续开发某一款程序。

● 个人程序员

自己思考、制作并从事销售工作的程序开发者，以个人身份工作，不属于任何公司。在智能手机应用程序领域，有些人正在开发可供全世界人们使用且能充分体现自身理念的程序。个人程序员可以根据自己的节奏与想法创建程序。

网络程序员的岗位职责

程序员还会制作人们平时浏览的网页！

这是重点！

· 需要能打造顺畅阅读体验的版式设计能力
· 让网页在许多人使用时能够顺畅运行的编程技术很重要

想 一 想

● **你认为自己每天都在浏览的网页是怎样制作的？**

>> 网站主页与在线程序的制作

创建在互联网（Internet，见"知识拓展"）上运行的程序的程序员是网络程序员，他们会进行创建包含游戏和电影信息等主页的工作。人们能与朋友交换信息和通话，也要归功于这种名为"网络"（Web）的互联网程序。

网络程序员和软件工程师一样，分为开发公司程序员、服务公司程序员和个人程序员。将自身想法付诸实践的"亚马逊"（Amazon）和"脸书"（Facebook）等大型公司的创始人最初都是网络程序员。

近年来，网络变得越来越重要，已经成为我们生活的一部分。例如，学校会在线授课，人们可以在线上跟世界各地的人"会面"、畅谈。

未来，网络技术还有望进一步发展，可以说是一个广阔而充满挑战的研究领域。

知 识 拓 展

互联网、网络

互联网是将多个计算机网络互相连接在一起的全球性信息通信网络。在日本，互联网出现于 20 世纪 80 年代后半期，到 21 世纪初，由于 ADSL（非对称数字用户线）的普及和光线路等的出现，互联网费用降低，开始快速进入到普通家庭中。网络则是指连接互联网上各种信息（文本、图像、视频）的系统。

嵌入式工程师的岗位职责

通过编程让机器按照自己的想法运行！

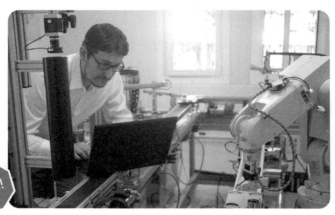

这是重点！

· 需要对机器（硬件）及编程语言有深入的了解
· 不能容忍失败，追求正确性

想 一 想

● 有哪些按照程序指令工作的设备？

>> 让火车和火箭动起来的理想工作

嵌入式工程师是为汽车、家用电器、工厂中的设备、机器人、火车、磁悬浮列车和火箭等创建程序的人。除了高水平的编程知识外，这个职业还需要机械（也称为硬件）知识，所以需要记住的东西很多。

乍看之下，嵌入式工程师接触到的似乎大都是一些"不起眼"的程序，但这些程序事关人们的生命安全，所以他们做的是一项需要细心周密地开发并反复进行测试的、令人伤脑筋的工作。

然而，由于嵌入式工程师可以通过自己制作的程序创造未来，因此，这也是一项人们梦寐以求的工作。例如，他们可以让火箭飞向太空或实现汽车的自动驾驶。

如今，超小型计算机和家用机器人也在市面上进行售卖了。因此，你也可以使用程序对它们进行（自定义）控制，轻松体验嵌入式工程师的工作。

知 识 拓 展

树莓派（Raspberry Pi）

手掌大小的超迷你计算机，可以通过嵌入程序与其他硬件连接来构建各种机器。如果想体验嵌入式程序，可以尝试从树莓派入手。

人工智能程序员的岗位职责

未来将持续进行研究的领域

这是重点!

· 需要有深厚的数学功底，对数学有浓厚的兴趣，对未知事物具有探索精神

想 一 想

- 你觉得人工智能是用来做什么的？
- 你喜欢计算和研究吗？

>> 需要数学知识，有适合不适合之说

人工智能目前在我们的日常生活中不可或缺。例如，我们可以通过与 Siri（苹果智能语音助手）交谈来播放音乐，它会对我们的要求给予适当的回应，而这一切都出自人工智能程序员之手。

人工智能已进入实用阶段，但它仍然是一个正在持续进行研究的领域。该领域暂时没有确定、特定的技术和最好的方法。相反，人工智能程序员每天都在反复研究和开发，不断地创造出新的方法。

人工智能程序员除了掌握编程技术外，还需要掌握"数学知识"，即高中和大学所学的高等数学知识，并在工作过程中充分利用这些知识开展计算，并将其结果用于编程。

与其说对编程感兴趣的人可能成为人工智能程序员，倒不如说认为计算更有趣或者可以找到更有效计算方法的人，更具有成为人工智能程序员的潜质。

知识拓展

AI

AI（Artificial Intelligence 的缩写），全称为"人工智能"，是一项让计算机具有类人思维的研究。人工智能程序员能让计算机开展大规模学习并引导它们得出最佳答案。人工智能通常会在幕后进行数据处理，例如，人类通过智能手机进行搜索时等。

你听说过"自由职业者"吗？

> 因为想自由地工作，所以自己会更努力！

这是重点！

· 可以随时随地自由工作
· 需要一流的技术能力和工具

想 一 想

● 你认为"自由职业者"是如何安排每天的工作的？
● 你认为自由职业者的收入稳定吗？

>> 个人能力在任何情况下都会受到考验

第 27 页中提及的"个人程序员"就是自由职业者，即自己开发程序的人。通常来说，他们会被称为"自由程序员"。

自由职业者和公司职员（上班族）有很大的区别，自由职业者不是以月薪的形式获得收入，他们可以选择在自己空闲的时间投身工作，甚至有人边旅行边工作。此外，根据工作内容，一些自由程序员的收入比在公司工作的收入更高。

为了做到这一点，自由职业者必须自己学会与客户打交道、处理财务事宜、应对纠纷等，所有事情都要独自一人面对，这也是自由职业者所面临的巨大挑战。

此外，自由职业者还不得不面对没有工作就没有收入的不稳定局面。由此，很多自由职业者都被迫放弃了自由职业，选择外出打工。

但是，在年轻时尝试成为一名自由职业者并不是一件坏事，你也可以将自由的工作作为自己的人生目标。

知 识 拓 展

自由职业者

不限于程序员，自由职业者还存在于音乐家、设计师、插画家、作家等职业中。我们经常在电视上看到的艺人中，也都有不属于任何事务所或公司的自由职业者，有时人们也会称他们为"个体户"。在日本，自由职业者约有 400 万，仅为劳动者总数的 3% 左右。

为什么键盘上的字母要如此排序?

电脑键盘上的字母排序混乱,且各按键之间都留有空隙。为什么键盘上的字母会按照如此复杂的顺序排列呢?

这是对一种名为"打字机"的机器的传承。打字机是用于打印文件的原始机器,是电脑键盘的原型。分别刻有字母表中每一个字母的印章排列在一起,当使用者按下某按键时,与之相对应的印章就会压在纸上并印出字母。打字机的印章直接连接在按键上,因此每个按键位置必须错开。在这一传统机器的影响下,如今每个电脑按键之间也都会留有缝隙。

此外,有关按键字母排列混乱的现象,也存在各种说法。例如,把常用按键集中在中间是一种说法;还有打字太快会导致打字机损坏,因此才会以一种难以理解的方式排列……

第 **3** 章

体验编程

为创建程序而学习编程语言

将 [::::] 中的文字录入电脑

```
01   <script>
02   window.alert ('你好! ') ;
03   </script>
```

人类必须以一种由上述英语和符号组合而成，且只有计算机能理解的语言来传达指令。这个问题我将在第 43 页做出详细说明。

>> 计算机不懂日语

利用可视化编程来创建程序非常简单方便，但要创建一个真正意义上的程序，仍然需要学习和驾驭编程语言。例如，左页中的程序就是用 JavaScript 的编程语言创建的（详细内容将在第 4 章中介绍）。

这个程序是要求计算机在屏幕上显示"你好！"。每一个日本人都希望自己能用日语编写程序指令，但遗憾的是我们不能用日语与计算机进行交流。不仅是日语，人类使用的语言均无法准确传递给计算机。因此，我们有必要将传送给计算机的文字进行转换；换句话说，就是用只有计算机才能理解的计算机语言传达——这就是编程语言。

如果能学习并掌握编程语言，向计算机发出各种指令，那么普通人也可以制作出自己构想的软件。

知 识 拓 展

编程语言几乎都是英语

编程语言通常被认为是只有计算机才能理解的计算机语言。它们大多是使用英语单词来发送指令的。如上文所示，希望显示的"你好！"是用非英语单词表示的，但传达指令的内容均为英语单词。编程语言常用英语单词有 Script（脚本）、Window（窗口）、Alert（警告）、Document（文档）、Write（写入）等。

2

写程序需要什么?

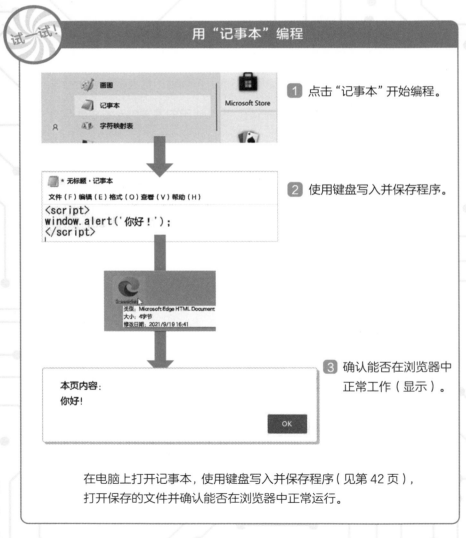

试一试!

用"记事本"编程

🖼 画图
📄 记事本
👤 🖼 字符映射表

Microsoft Store

1 点击"记事本"开始编程。

📕 * 无标题 · 记事本
文件(F) 编辑(E) 格式(O) 查看(V) 帮助(H)

```
<script>
window.alert('你好!');
</script>
```

2 使用键盘写入并保存程序。

类型:Microsoft Edge HTML Document
大小:4字节
修改日期:2021/9/19 16:41

3 确认能否在浏览器中
正常工作(显示)。

本页内容:
你好!

OK

在电脑上打开记事本,使用键盘写入并保存程序(见第 42 页),
打开保存的文件并确认能否在浏览器中正常运行。

>> 使用电脑中的 2 个软件

下面，我们就来实际体验一下编程。在此之前，请做好以下准备。

● 电脑

目前 iPad 等平板电脑不可以编程，因此请准备一台运行 Windows 系统的电脑。

● 记事本

如左页图所示，程序是用名为"记事本"的软件（Windows 系统的自带功能）编写的。记事本是一种文本编辑软件，和第 20 页介绍的"画图"的打开方式类似，依次点击屏幕左下角的 [开始] → [Windows 附件] → [记事本] 即可启动 **1**。

● 浏览器（见"知识拓展"）

使用浏览器（Windows 系统的自带功能）确认编写的程序**2** 能否正常运行 (显示)**3**。

在此次体验中，我们用到了电脑中的 2 个软件。

知 识 拓 展

浏览器

浏览器是人们在网络上浏览网页时使用的软件。近年来，浏览器的功能越来越强大，人们甚至可以通过浏览器玩游戏。浏览器有多种类型，包括 Microsoft Edge 和 Safari 等，几乎任何浏览器都可以被用来确认程序的运行情况。

3

编写程序并确认能否运行

保存文件的方法

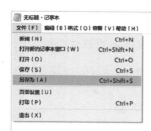

1 点击屏幕左上角的"文件"命令选项，选择"另存为"后弹出"另存为"对话框。

2 选择保存位置，为文件命名并保存。

3 届时，文件名格式必须为"×××.html"。

×××的内容可以是任意长度的字符串，作为参考，可填写"你好.html"。

>> 切勿忘记保存文件

● 编写程序

下面，就让我们来编写一个程序，在这里，我们将使用第 39 页介绍的编程语言 JavaScript。请启动"记事本"程序（第 41 页），并输入以下内容。

```
<script>
window.alert（'你好！'）；
</script>
```

在录入文本的过程中必须输入各种符号，这项工作的确存在困难，但我们仍然要认真对待，以免出错（如果打字有困难，请按照第 64 页的步骤下载程序并使用）。

把文本写入"记事本"后，按照左页的步骤保存文件，双击（连续点击 2 次鼠标左键）保存的文件，确认能否正确显示"你好！"。

● 确认程序

请你看一看自己刚刚写的程序，正如我在前面介绍过的那样，程序是向计算机发送的指令。"window.alert"是这个程序的一部分，意味着"希望计算机弹出警告对话框（小窗口）"，而（'你好！'）便是针对要在警告对话框中显示的内容做出的指示。

现在，只要打开保存的文件，屏幕上就会显示"你好！"，如果无法正常显示，请参照下页内容做出处理。

出现程序错误也会提示

找到错误的方法

出现错误的程序
01 <script>
02 windo.alert（'你好！'）；
03 </script>

这个程序出现了错误。
第 2 行 正确：window
错误：windo

写入程序错误将导致屏幕显示空白，在这种情况下，请按照❶❷❸的顺序在浏览器中找到并点击"开发人员工具"❶，单击红色的"×"图标❷。

下方会出现示误信号❸，蓝色字体的"index.html:2"表示错误位置，意为"第 2 行"出错。

>> 错误的位置显示为红色

　　创建程序后，如果无法正常运行，屏幕仍然会保持空白，没有任何显示。我们将这种情况称为"错误"。现在，即使你已经成功运行程序，也请尝试一下错误状态。左页的程序就有一点错误，假设你也忘记写最后的"w"，错误地将"window"写成了"windo"，运行程序后，屏幕就会变白，没有任何字符出现。

　　在这种情况下，如左页所示，请首先点击右上方的"…"按钮（❶）并按照❷、❸的顺序启动"开发人员工具"。这时，右上角将会显示"×"图标（❷-❹）。这便是发生错误的状态，点击"×"（❹）后，错误内容将在下方以红色字体显示，而下方的蓝色字体则为错误的位置❸。

　　因为内容均用英语显示，所以要知道发生错误的原因略有困难，但是我们可以根据蓝色字体最右边的数字（此次示例显示为2）来查找错误。只要更正错误并保存，程序便会正常运行。

知识拓展

错误不仅体现在文字上

英语拼写错误并非唯一的错误形式，还要注意"全角"和"半角"之分。有时，全角和半角字符乍一看并没有区别，但如果在写入程序时使用全角字符，就会出现错误。

此外，空格也有全角和半角之分，所以要小心。如果忘记了行尾的分号"；"也会发生错误，程序中的分号就相当于写文章时使用的句号。

在屏幕上显示很多方形

尝试编写一个方形输出程序

编程实例①

```
<script>
    document.write('■');
    document.write(' ');
</script>
```

发送了"在屏幕上显示■"的指令。

编程实例②

```
<script>
for (let i=0; i<10000; i++) {
document.write('■');
document.write(' ');
}
</script>
```

发送了"在屏幕上显示 1 万个■"的指令。

1

屏幕瞬间被方形填满，方形的数量之多，甚至无法在 1 个页面中全部显示，但屏幕上还是能够在瞬间准确显示 1 万个"■"。

>> 用方形填充电脑屏幕

下面，我们来编写一个在屏幕上显示"■"的程序。新建一个记事本文档，如左页"编程实例①"所示，写入程序。

写入程序并保存，双击保存的文件，确认屏幕上是否显示"■"。

第 2 行的"document.write"是"在屏幕上显示字符"的指令，我们就是通过这条指令让计算机在屏幕上显示出了方形。接下来，让我们像 1 一样填充屏幕。用键盘逐个录入方形是很困难的，但如果使用程序，就可以很容易地完成。

在这种情况下，请按照"编程实例②"所示对程序指令进行更改。更改完成后，请尝试运行这个程序，这时屏幕会被方形填满。

这是一个处理重复工作的程序，具体到此实例，就是"写入 1 万个方形"的指令。如果是人类，在接到该指令后，也只能在不断地反复当中准确而及时地完成这项棘手的工作吧。

知 识 拓 展

递增

编程实例②第 2 行中的"i++"意为"递增"，意思是加算（加法）。由于程序中经常会进行加 1 的计算，所以使用了特殊符号"++"来表示，相反，"递减"是指每次对变量减 1。

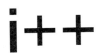

原创猜谜

编写猜谜程序

编程实例①

```
01 <script>
02 let a=window.prompt（'虽是面包，却无法下咽的东西是什么？'）；
03 if（a==='平底锅'）{
04 window.alert（'○正确答案！'）；
05 } else {
06 window.alert（'×错误答案！'）；
07 }
08 </script>
```

显示问题
（第 2 行）

> **本页内容：**
> 虽是面包，却无法下咽的东西是什么？
>
> ‖
>
> OK 取消

回答
（第 3 行）

> **本页内容：**
> 虽是面包，却无法下咽的东西是什么？
>
> 平底锅 ‖
>
> OK 取消

显示为正确答案
（第 4 行）

> **本页内容：**
> ○正确答案！
>
> OK

>> 哪个文本能够判断答案是否正确？

下面，我们来制作一个猜谜程序，即通过创建程序显示问题"虽是面包，却无法下咽的东西是什么？"（注：日语中面包和平底锅同音）并判断答案是否正确。

我想你应该知道这个谜语的谜底吧。现在，我们就使用"记事本"编写程序。

```
<script>
let a=window.prompt ('虽是面包, 却无法下咽的东西是什么？');
</script>
```

"window.prompt"是显示答案栏的程序，请在其后的括号中指定要显示的问题。之后，电脑屏幕上会出现如左页所示的问题与答案栏，你可以在这里做出回答。

编程实例①第 3 行（03）中的"if"是一个英语单词，意为"如果"，在程序中的作用是确认回答是否为正确答案。另外，如"a==="所示，要连续写入 3 个"="，所以写入时务必多加留意。

如果答案正确，则显示第 4 行 (04) 的"○正确答案！"；如果答案不正确，则显示第 6 行 (06) 的"×错误答案！"。第 5 行（05）的"else"在英语中是"否则"的意思。

如果回答的内容不是正确答案"平底锅"，程序会显示"×错误答案！"。你也可以通过改变问题和答案来尝试创建各种猜谜程序。

编程固然复杂，但原则只有 3 点

重要的编程 3 原则

```
01 <script>
02 let a = window.prompt ( '虽是面包，却无法下咽的东西是什么？' );
03 if ( a === '平底锅' ) {
04 window.alert ( ' ○正确答案！' );
05 } else {
06 window.alert ( '× 错误答案！' );
07 }
08 </script>
```

从上到下，第 2 行：显示问题（顺序）→第 3 行：判断答案（选择）→第 4 行：如果是"平底锅"，则显示"○正确答案！"。→如果不是"平底锅"，则显示"× 错误答案！"（循环）。顺序、选择和循环这 3 个原则很重要。

>> 编程基础是选择和循环

到目前为止，我们已经制作了几个程序，都是一些比较简单的内容，其中，第50页还介绍了编程的重要原则，其关键词为"顺序、选择、循环"。

● 顺序

顺序意为"依次"，即程序会按照从上到下的顺序依次运行。如左页箭头所示，在运行过程中，程序通常是按照由上而下的顺序来执行各个指令。

● 选择

选择意味着在 A 或 B 中做出选择，在运行过程中，程序可以在特定条件下进行选择。谜语的答案是正确还是错误，程序会在两者之间做出正确选择。如箭头所示，一条线分为了 A 和 B 两个选择。

● 循环（反复）

计算机可以一直重复相同的任务。此外，它还会以极快的速度完成任务且不犯任何错误，此功能也保障了计算机的正常工作。

任何复杂的程序都是由顺序、选择和循环组成的，了解这三者后，你也可以尝试制作程序。

8

用程序思考自动售货机工作的原理

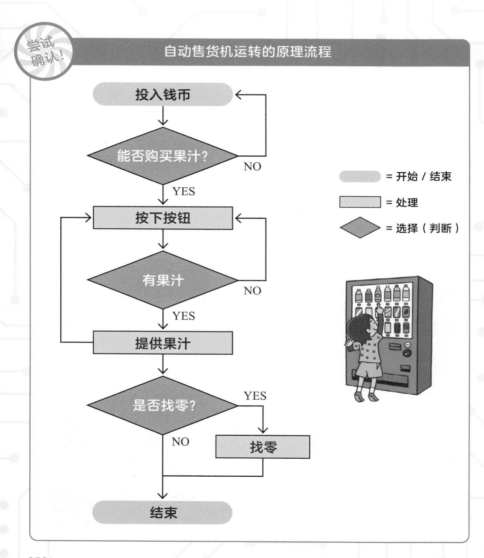

尝试确认！

自动售货机运转的原理流程

投入钱币

能否购买果汁？ —— NO

YES

按下按钮

有果汁 —— NO

YES

提供果汁

是否找零？ —— YES

NO

找零

结束

= 开始 / 结束

= 处理

= 选择（判断）

>> 果汁到手之前发生了什么？

下面，让我们根据第 50 页中介绍的 3 个原则，围绕自动售货机的工作原理展开思考。假设，我们要通过自动售货机购买售价为 150 日元的果汁。

首先，我们要投入钱币。钱币被投入自动售货机后，便会进入下一个流程（顺序），这时，自动售货机会识别投入的钱币金额，如果（选择）钱币金额大于或等于果汁的售价，购买按钮便会亮灯。

按下亮灯的购买按钮后，自动售货机便会提供给我们选择的果汁。这个过程会一直"循环"，直到我们投入的钱币金额不足以购买任何果汁了。最后，如果还需要找零，购买者只需拨动"找零·退币"拨杆，自动售货机便会自动找零。如上所述，自动售货机也是通过"选择"和"循环（反复）"等流程完成了整个售货过程。

左页的图表为流程图（见"知识拓展"），用来说明执行一系列程序的过程。

> **知 识 拓 展**
>
> **流程图**
> 流程图通常被用于程序结构的设计工作，是用模块和线条显示程序执行过程的图表。"选择"通过菱形模块表示，有多个线条流出。从菱形模块流出的箭头有时会返回位于上方的某一流程，这便需要我们在"循环（反复）"创建程序时，也要像绘制流程图一样，考虑整个执行过程后开始工作。

9

用程序思考打怪游戏的机制

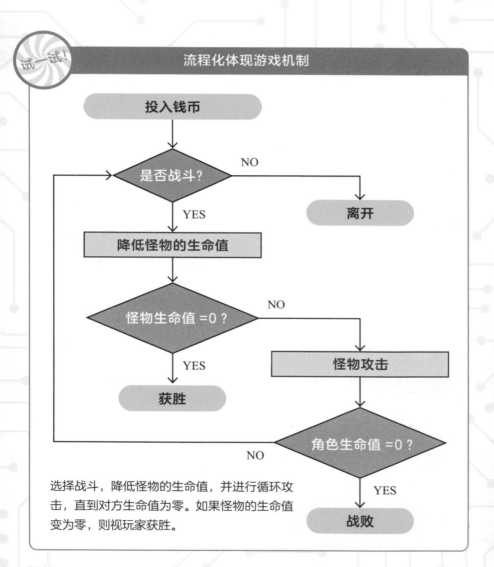

试一试！

流程化体现游戏机制

投入钱币

是否战斗？ —NO→ 离开

↓YES

降低怪物的生命值

怪物生命值 =0？ —NO→ 怪物攻击

↓YES

获胜

怪物攻击 ↓

角色生命值 =0？ —NO→（返回是否战斗？）

↓YES

战败

选择战斗，降低怪物的生命值，并进行循环攻击，直到对方生命值为零。如果怪物的生命值变为零，则视玩家获胜。

现在我们来想象一下，在角色扮演游戏 (RPG) 中与怪物战斗的场景背后执行的是怎样的程序。角色选择战斗后，"攻击力"将由角色所拥有的武器强度和自身威力等决定；通过战斗，怪物的生命值将被不断削弱。

此时如果怪物的生命值变为零，则视为游戏玩家选用的角色获胜。只要怪物的生命值还剩下 1 或更多，战斗就不会停止。如上所述，战斗过程会一直重复，直到其中一方的生命值变为零。当然，如果选择离开，战斗也会即刻结束。

另外，假设游戏设置有偶尔增加攻击力、偶尔无法摆脱怪物攻击或怪物可以躲避角色攻击等情节，游戏过程将更加富有趣味性。

这便是游戏的基本构思，其过程同样由"选择"和"循环"等基本结构组成。

知 识 拓 展

游戏是连续的"选择"和"循环"

不仅是与怪物战斗的游戏，每一款游戏都是由连续的"选择"和"循环"组成的。所以复杂游戏程序的制作难度较大，需要不断地设计各种"如果"和"反复"，并在此基础上完成整个游戏的创作。

抽签游戏

尝试写入程序

如按下页 01~09 所示写入程序，电脑屏幕就会出现显示有"抽签！"字样的信息弹框。

1

本页内容：
抽签！

OK

单击"OK"按钮。

2

大吉！

之后，屏幕上将显示"大吉！"或"小吉……"。

>> 游戏因为"偶尔"而有趣

"偶尔"这个词曾出现在上一节的内容当中。"偶尔"在游戏中是必不可少的，例如，有些道具、装备会偶尔出现，游戏玩家偶尔无法摆脱怪物等。

在这里，我们一起来制作另一个程序，请启动"记事本"并输入以下程序指令。

```
01   <script>
02   window.alert ('抽签! ');
03   let dice=Math.random ( );
04   if (dice > 0.5) {
05   document.write ('大吉! ')
06   } else {
07   document.write ('小吉……')
08   }
09   </script>
```

现在，请实际运行一下这个程序。运行后，屏幕首先会像❶一样，显示"抽签！"。

单击"OK"按钮后，如❷所示，屏幕上将显示"大吉！"或"小吉……"。如果再次运行程序并单击右下角的"OK"按钮，屏幕上仍然会显示"大吉！"或"小吉……"。第 3 行 (03)"Math.random"是一条指令，用于指示计算机随机显示 0 到 1 中的任意数字，而我们恰好可以使用该指令创建"偶尔"显示"大吉"的程序。由于这条程序指令中使用的是 0.5，所以"大吉"或"小吉"会以 50% 的概率显示。这个数字被称为"随机数"，游戏中所呈现出的"偶尔"就是使用该机制制作的。

尝试能轻松编程的 Scratch

>> 无须输入文本即可编程

现在我们一起来体验一下可视化编程，即实际使用一个名为"Scratch"的编程工具（在第 19 页也曾做过介绍），按步骤制作抓老鼠游戏。

1

Scratch 支持网页在线编程，首先我们要按照图 1 所示搜索"Scratch"。

2

点击"Scratch-Imagine, Program, Share"访问图 2 所示网站，如果不知道如何操作，可以向家长寻求帮助。

进入该页面后，单击"试一试"开始创建程序。

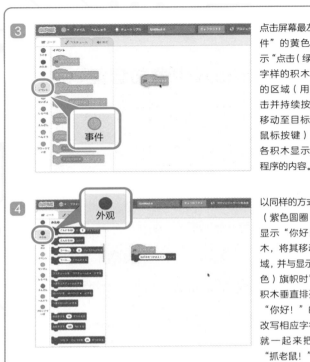

3 点击屏幕最左侧名为"事件"的黄色圆圈，将显示"点击（绿色）旗帜时"字样的积木拖放到旁边的区域（用鼠标左键单击并持续按压该积木，移动至目标区域后松开鼠标按键），此页面中各积木显示的指令就是程序的内容。

事件

4 外观

以同样的方式，从"外观"（紫色圆圈）列表中选择显示"你好！"字样的积木，将其移动到旁边的区域，并与显示有"点击（绿色）旗帜时"字样的黄色积木垂直排列。左键单击"你好！"的部分，可以改写相应字符，现在我们就一起来把内容改写为"抓老鼠！"。

5 我们先来确认一下第一个程序的执行情况，如图 5 所示，点击"（绿色）旗帜"，屏幕上的猫就会说"抓老鼠！"（同时出现相应的文字）。

抓老鼠！

　　这便是通过 Scratch 进行的可视化编程，无须像我在前面介绍的那些实例一样去组合英语和零碎的文字等，只要排列积木即可轻松创建程序。对想要体验编程的同学而言，我首先会建议大家通过 Scratch 进行可视化编程。

在 Scratch 中添加老鼠

>> 优点是易于操作

如前页所示，使用 Scratch 进行可视化编程时，只要对"积木"进行组合，并在右侧名为"舞台"（下一页图 1 中的红框）的区域内执行程序，让图画（在 Scratch 中名为"精灵"）动起来，即可创建游戏和动画。例如，在上一页创建的程序中，"点击（绿色）旗帜时"这一动作（在 Scratch 中名为"事件"）所对应的结果便是猫精灵开始说话。

以这种方式针对操作等事件进行执行的程序名为"事件驱动"。Scratch 中有许多事件，事件中还有很多积木指令，我们可以通过积木的搭建组合轻松创建各种程序。

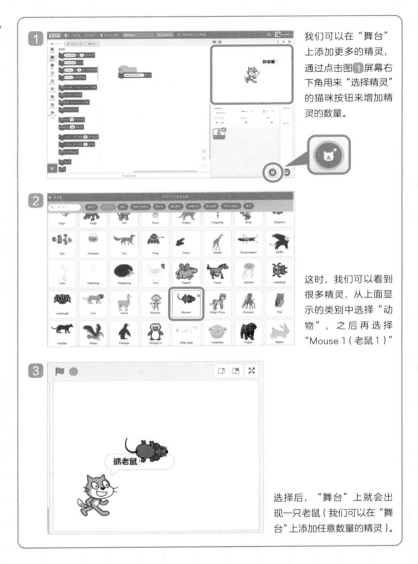

我们可以在"舞台"上添加更多的精灵，通过点击图1屏幕右下角用来"选择精灵"的猫咪按钮来增加精灵的数量。

这时，我们可以看到很多精灵，从上面显示的类别中选择"动物"，之后再选择"Mouse 1（老鼠1）"

选择后，"舞台"上就会出现一只老鼠（我们可以在"舞台"上添加任意数量的精灵）。

　　在 Scratch 中，我们可以为每个精灵设置事件，所以你可以进行各种尝试。在下一页中，我们就一起来创建一个程序，针对这只老鼠来设置事件。

在 Scratch 中移动老鼠

≫ 只要了解工作机制，就能够顺利编程

现在我们就来为通过上页操作添加的老鼠创建一个程序。首先，

双击老鼠使程序区恢复到初始状态。

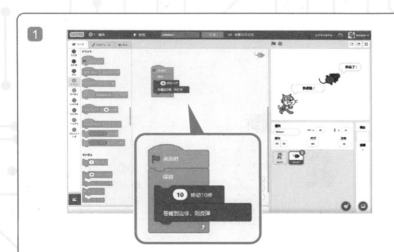

首先，我们要按照图❶所示创建程序。名为"重复执行"的积木有点特别，我们
可以在该积木的空缺区域内放入其他积木。从蓝色的"动作类积木"中选择"移动
10 步"和"若碰到边缘，则反弹"，并将其叠加在"重复执行"的积木上方。针
对多个事件编程时，我们就可以像这样分别进行创建。

2

现在我们来稍微倾斜一下老鼠。点击"舞台"下方工具中的"方向"，即可实现转动，这样就完成了倾斜老鼠的操作。这时，可以点击"（绿色）旗帜"（执行）来移动老鼠。到目前为止，我们已经在"重复执行"的程序中创建了"移动老鼠"和"若碰到边缘，则反弹"的程序。通过这些程序，老鼠将可以在"舞台"上随机移动。

3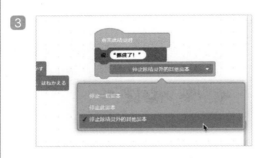

接下来，我们再来创建一个程序。老鼠四处移动时，如果碰到猫，便会显示"抓住了！"并停止程序（脚本）。为实现这一功能，我们要在紫色的"外观"积木中添加台词，并在橙色的"控制"积木中选择"停止精灵"的选项。

4

执行程序时只需点击"舞台"上方的"（绿色）旗帜"按钮来开启整个程序的执行。当老鼠开始移动并碰到边缘时，它会反弹并继续四处移动。之后，当猫和老鼠发生碰撞时，老鼠会说"抓住了！"（同时出现文字），继而停止移动，整个程序也会就此结束。

请参考实例，享受创建程序（游戏）的乐趣。

下载程序并体验

第 3 章的每一页都是围绕程序做出的介绍，在此基础上，我还为键盘使用不熟练，并且因为录入代码具有一定难度而无法操作，但又想实际体验程序执行的同学准备了一些已经录入完成的代码程序。

样本下载步骤：

① 启动浏览器

② 在地址栏输入"TOMOSTA 儿童编程"进行搜索，或输入以下网址（支持网站 URL）：https：//kids.tomosta.jp/books/kodomopg/

③ 点击下载按钮

④ 打开下载完成的文件夹

⑤ 双击文件，在浏览器中打开，确认执行情况

如果用"记事本"等方式打开文件，还可以查看已经编辑完成的程序代码。

Java Script

Swift

C#

HTML

Java

PHP

第 **4** 章

了解编程语言

世界上有 100 多种编程语言

即使都显示"你好！"，在创建程序的过程中也会存在差异！

编程实例 ① | JavaScript

```
<script>
Window.alert ('你好！')
</script>
```

本页内容:
你好！

OK

编程实例 ② | Python

```
#！/usr/bin/env python
def main ():
 print ('你好！')
if_name_=='_main_':
 main ()
```

上述两组程序都在指示计算机显示"你好！"，但两者之间相似之处很少，格式也不尽相同。我们可以在了解并不断熟悉编程语言差异的同时，逐渐把握编程的基础理论。

想 一 想

● 你认为各种编程语言的区别是什么？
● 编程语言那么多，入门应该选择哪一个？

>> 不同的编程语言有不同的格式

在第3章中，我们曾体验过一种名为"JavaScript"的编程语言。

但 JavaScript 并不是唯一的编程语言，目前世界上有 100 多种编程语言。例如，左页的编程实例①是使用 JavaScript 创建的要求计算机显示"你好！"的程序。如果用编程实例②中的编程语言"Python"编写相同指令，则会呈现出完全不同的格式。

随着时代的不断发展变迁，新的编程语言层出不穷，有的是一种新的思维方式的诞生，有的则是对以前的思维方式进行的优化。

学习程序的人需要根据当下的流行趋势和自己的创作需要来选择学习哪种编程语言。在本章中，我将在众多编程语言中选择一些比较具有代表性的编程语言做出介绍。

知识拓展

编程语言的诞生与消亡

时至今日，仍然还有新的编程语言诞生。然而，也有一些编程语言因为很少得到使用或无法使用而消亡。通过不断地实践，只有更好的编程语言才能有幸被保留下来。

了解历史悠久的编程语言

学习并且掌握 100 多种编程语言似乎很难，然而，只要追溯众多编程语言的起源，便可发现它们当中有很多都是拥有同一"祖先"的"亲戚"。这些所谓的"亲戚"特征相似，因此更容易记忆。下面，我就要围绕这些编程语言的"祖先"们进行介绍。

想 一 想

● 编程语言从何而来？

>> 编程语言之"父"

下面，我将介绍几种历史悠久的编程语言。就像计算机和机器一样，编程语言也在不断发展，但下面 3 种编程语言已经被人类使用了很长时间。

● 汇编语言

汇编语言是编程语言的开山鼻祖，自计算机出现以来就一直为人所用，并且至今仍被用于编写汽车和家用电器的程序。但是，汇编语言难度很高，是一门非常难学的编程语言。尽管如此，学习汇编语言的确能大大加深我们对计算机的理解并提高我们的编程技术。

● BASIC/Visual Basic

BASIC 是一种通俗易懂的编程语言，专为初学者创建，诞生于 1964 年，经常用于编程的学习（我最初也是用 BASIC 学习编程的）。现在，BASIC 已改名为 Visual Basic，并且随着版本的升级得到了广大使用者的支持与爱护。

● C 语言

C 语言自 1972 年诞生至今，50 余年间经久不衰，但凡提及编程语言，人们首先就会想到它。有很多程序员都会使用这种编程语言。此外，C 语言还影响了我将在后面介绍的各种编程语言，可以说是编程语言之"父"。C 语言在部分游戏开发领域得到了应用，但基本上已被稍后要介绍的现代编程语言取代了。

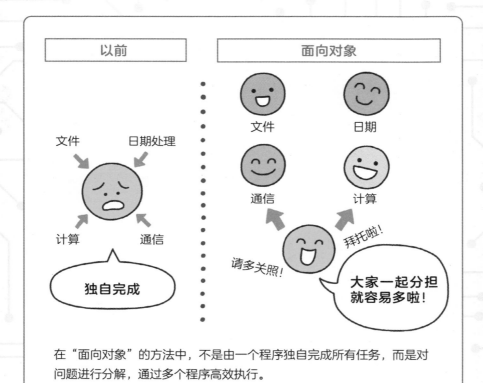

3

"面向对象"改变了程序的创建方式

以前	面向对象

文件 日期处理

计算 通信

独自完成

文件 日期

通信 计算

请多关照!

拜托啦!

大家一起分担就容易多啦!

在"面向对象"的方法中，不是由一个程序独自完成所有任务，而是对问题进行分解，通过多个程序高效执行。

想 一 想

● 你认为一人独自完成所有任务与多人分担任务这两种处理方式，哪一种更有效且负担更小？

>> 分担任务的思维方式

自 1980 年左右起，计算机开始在工作和日常生活中得到广泛应用。随着汇编语言和 C 语言的发展，程序也变得越来越复杂，编程工作可谓困难重重。

于是，"面向对象"的思维方式得到了关注。在那之前，一个程序要独自处理计算、时间信息、屏幕显示等所有工作。在这种情况下，对于一个程序而言，负担过重。

因此，人们决定将每个任务分别交给不同的程序处理，这便是"对象"（见"知识拓展"）。例如，名为"算数对象"的对象会专门执行算数任务，即负责加法和乘法等计算，而"时间对象"则专门处理日期和时间信息。

如上所述，人们在创建程序的过程中逐步采用了由不同"专家"分担任务的思维方式。

知 识 拓 展

对象（Object）

Object 可以翻译成"物体"与"对象"，但在编程的世界里，它更像是学校里的"课代表"。每个程序都有一个自己要扮演的角色，如"计算课代表"和"时间管理课代表"等。

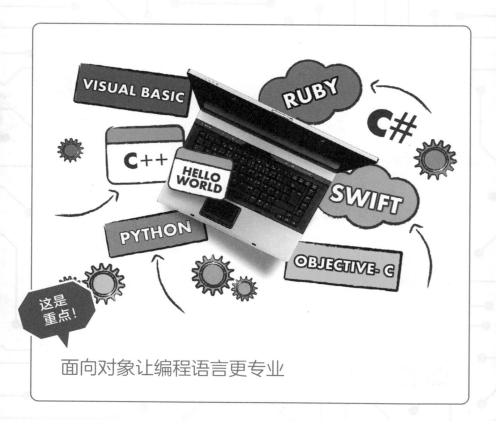

4

易于使用的编程语言

这是重点！

面向对象让编程语言更专业

想 一 想

● 你是否认为不同公司开发的智能手机，其应用程序所使用的编程语言也不同？

>> 通过反复改进实现更大程度的进化

下面我将介绍自"面向对象"这一思维方式得到广泛传播以来，人们创建的一些典型的编程语言。

- Java

Java 是一种十分典型的编程语言，它提供面向对象的编程，使面向对象的编程开发迅速得到了普及。很多领域至今仍在使用这种编程语言，其中比较有名的就是用 Java 开发的游戏《我的世界》。

- C#

C# 是对 C 语言（第 69 页）进行改进后的成果，更易于在面向对象编程中使用。C# 读作"See Sharp"，实际上，在此之前它曾进化为一种名为"C++"的语言，而 C# 是进一步进化后的产物，主要用于 Windows 系统。

- Objective-C/Swift

Objective-C 是苹果手机的制造商苹果公司以 C 语言为基础创建的面向对象的编程语言，它是 C 语言的扩展语言。在此基础上进一步改进后的成果是"Swift"，目前会在开发 ios 和 Android 系统的应用程序时得到使用。

- Kotlin

Kotlin 是一种基于 Java 开发的、更易于使用的面向对象的编程语言。目前，在安卓智能手机上运行的应用程序大都是使用 Kotlin 制作的。

5

你听说过脚本语言吗？

JavaScript

JavaScript 是一种典型的脚本语言，与我之前介绍的 Java 名称相似，但实际并无关联。

很多浏览器都对 JavaScript 有着非常好的本地支持，同时它也是一种十分优秀的编程语言，已经逐渐被许多领域采用。现在，软件和服务器上的程序等多是用 JavaScript 编写的。

PHP

PHP 是一种随着互联网的发展而流行起来的编程语言，参考 C 语言创建而成。它同时兼具面向对象编程语言与原始的编程语言的功能，略显奇特。

PHP 可高效地运行在服务器端。在我们网上购物期间，它会在我们办理手续和编写信息时做出相应的处理。

Dart

逐渐浮出水面的 Dart 是一种旨在与 JavaScript 竞争的脚本语言，它具有创建智能手机程序等 JavaScript 所不具备的功能，引起了人们的关注。但是，Dart 现在还无法取代 JavaScript。

想 一 想

● 如果用更简单的编程语言编写程序，你认为程序的运行方式将会发生怎样的改变？

编程语言的简化版本

编程语言的用途是创建高速运行的程序，但创建过程十分艰难。

因此，"脚本"（Script，见"知识拓展"）进入了人们的视野，它的出现就是为了让创建程序更容易一些。例如，在以往的编程当中，有时只能创建一个程序并由其执行所有操作，而脚本却可以在使用互联网浏览器与电子表格软件等其他软件功能的同时创建程序。

如今，脚本语言越来越普遍，脚本和程序不再有区别，人们有时还会将两者统称为程序。

程序员最初也是指创建程序的人，而创建脚本的人准确地说应该是脚本设计师，但现在他们会被统称为程序员。

知 识 拓 展

脚本（Script）

从字面意思来看，Script 的直译是"剧本""手稿"或"脚本"。在编程世界中，它被用来表示"简单的程序"。由于可以实现"编写代码→立即运行"，脚本的使用显然可以为我们节省很多时间和精力。

学习编程，到底该选择哪门语言？①

这是
重点！

C# 用于游戏开发，"Swift"和"Kotlin"用
于智能手机应用程序的制作。

想 一 想

● 你未来想做什么样的应用程序？

>> 选择适合自身目标的编程语言

到目前为止，我已经介绍了几种编程语言。在这里，我还会教你如何结合自己的目标学习编程语言。

● 想做游戏开发就学 C#

如果你想成为一名游戏程序员并开发游戏，那就从 C# 开始学习。现在，在游戏开发中，使用了一个名为"Unity"的游戏引擎（见"知识拓展"），而 Unity 所使用的便是 C#。C# 是一种易于学习的编程语言，从这里入手将是一个不错的选择。

● 想制作智能手机应用程序就学 Swift/Kotlin

如果想做智能手机应用程序，可以使用的编程语言是有限的。

苹果手机的应用程序是用 Swift 编写的，而对于安卓手机而言，常用的编程语言有 Java、Kotlin 等。

知 识 拓 展

游戏引擎

游戏引擎是计算机游戏软件中用于正确输出已输入数据（图片、移动人物、声音）的程序，每款游戏都有自己的游戏引擎。

7

学习编程，到底该选择哪门语言？②

如果想创建主页，就学习 PHP；如果想开发人工智能，Python 是最好的选择！

想一想

● 你未来想从事什么职业？

为了明确自己应该努力的方向和想创建的程序，可以参考以下学习建议。

● 想从事网页制作就学 PHP

如果想创建主页并向世界传递信息，就应该学习 PHP。目前，在全球各地的主页创建中使用最多的工具是 WordPress，它就是用 PHP 制作的。

● 想做人工智能开发就学 Python

Python 是目前在人工智能开发领域使用最多的编程语言。然而，除编程语言知识外，人工智能的开发还需要更多的大学数学知识。所以，学习 Python 的同时还要学好数学。

● 不知道选择哪种语言就学 JavaScript

想创建程序，但是不明确方向，则最好从第 74 页介绍的 JavaScript 开始学习。

JavaScript 是一种非常简单并且应用范围广泛的编程语言。此外，还有一些新的基于 JavaScript 的编程语言，预计未来会继续发展，并持续得到使用。

8

编程语言就像方言

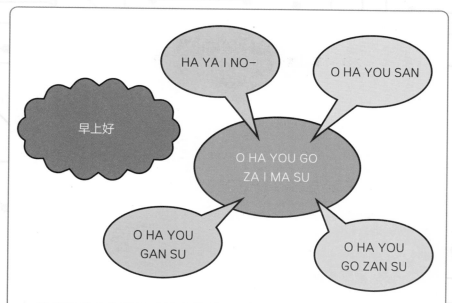

我们通常会在清晨时跟人说"早上好",用英语说就是"Good Morning"——可以说这是任何人都知道的常识。但"早上好"在日本各地的方言中又有一些区别,例如,"O HA YOU SAN""O HA YOU GO ZAN SU""O HA YOU GAN SU"等,而和歌山县与三重县则会使用"HA YA I NO-"表示"早上好"。就像方言一样,即便是不同的编程语言,应该也很容易记忆。

想 一 想

● 你认为计算机编程语言和外语哪个更好学?

>> 只要学会一个编程语言，自然就能掌握其他编程语言

面对种类繁多的编程语言，你也许会感叹：为什么会有这么多编程语言？该怎么选择？不过请你放心，不同编程语言之间的区别，可以说与方言无异。

编程语言与方言类似，也就是说，各种编程语言之间的差异基本相当于东京方言（标准语）和关西方言之间的区别。所以只要学会一种编程语言，就能够基本理解其他编程语言。

大多数编程语言都来源于被誉为"编程语言之父"的 C 语言，C#、Objective-C 等仅从名称就能看出它们与 C 语言之间的传承关系。除此之外，虽然 PHP 等从名称来看无迹可循，但它们还是在不同程度上都受到了 C 语言的影响。例如，在第 66 页，我曾对名为 Python 的编程语言做出过以下介绍。

```
def main ( ) :
print ('你好! ')
```

如果用名为 PHP 的编程语言编写相同的程序，则如下所示。

```
<? php
print ('你好! ');
```

这两种编程语言中都出现了"print"，这便是源自 C 语言的一条程序。由此可以看出，拥有同一"祖先"的程序只有很小的差异。

为什么编程语言的种类增加了？

为什么会有这么多编程语言？原因有以下几点。

• 时代的变迁

有一种编程语言名为 C 语言，可以说它是所有编程语言的"始祖"。然而随着时间的推移，使用 C 语言创建大型程序变得越来越困难。因此，出现了一种名为 C++ 的编程语言，而它正是对 C 语言进行改进后的产物。之后人们进一步对其进行了改良，诞生了 C# 这种编程语言。

• 企业和人互相抗衡

JavaScript 曾是一种非常流行的编程语言，但世界领先的 IT 企业微软公司开发了一种名为 VBScript 的编程语言与之抗衡。后来，越来越多的企业和个人都开始在既有基础上进行改良并推出了全新的编程语言。

• 个人名义自由创作

事实上，程序员可以自行创造编程语言，Ruby 就是日本人发明且流行于世界的编程语言。

HTML　Swift　Java Script　C#　PHP　Java

第 5 章

了解计算机

构造

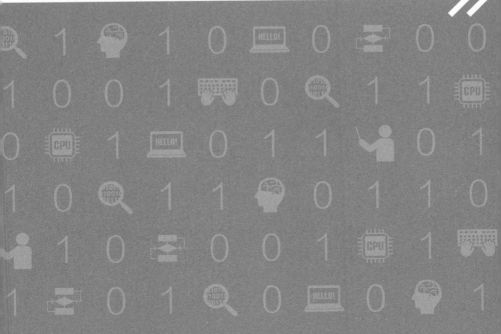

计算机的 "头脑" 是什么样的?

"计算机是什么?"这是一个既容易又难以回答的问题。

人们通常会说:"计算机不就是电脑吗?"事实上,凡是可以在内部控制自身运行的机械都包含有计算机。

想 一 想

- 被问到"什么是计算机"时,你是否可以做出解答?
- 你知道计算机的 5 种功能吗?

现在，我想问你一个问题：你知道什么是计算机吗？

我已经介绍过"电脑、空调和汽车都有计算机"，但究竟什么样的东西才能被称作计算机呢？计算机有以下 5 种功能。

● 输入功能

输入功能指用户为使用计算机进行操作的部分，电脑键盘、鼠标和空调按钮都属于输入设备。

● 控制功能

借助输入功能录入的信息将到达名为"处理器"的部位，并通过该部位的控制功能传递给其他部位。

● 演算功能

处理器还有一种名为"演算"的功能，与"计算"含义相同，指以极快的速度执行各种计算。

● 记忆功能

通过演算功能计算出的结果将被传送到名为"内存"的部位，并存储在这里。之后，存储内容还会从内存转移到名为"存储器"的部位，真正得到永久保存。

● 输出功能

最后，输出功能会将实际的结果呈现在我们眼前，例如，在屏幕上显示或通过扬声器发出声音等。

能够保持以上 5 种功能密切协作，并在各种机器中运行的就是计算机。

你了解计算机的机体构造吗？

决定计算机性能优劣的 3 个主要指标

处理器

内存

存储器

[特性]
计算速度快，
但不善于记忆

[特性]
记忆速度快，但很健忘，只
能短时保存一定量的信息

[特性]
记住的内容不会忘记，记
忆量大，读写速度偏慢

我们可以通过以上 3 个指标判断计算机性能是否优越。显然，如果计算机性能优越，处理速度很快，它就能做很多工作。当然，计算机的价格也会更高。

想 一 想

● **计算机是如何工作的？**

>> 许多部分协同工作

在计算机的各种功能中，处理器可以说是计算机的心脏，负责演算和控制功能。处理器能理解程序，执行各种计算，是整个计算机的指挥中心。

但是，处理器无法记忆计算结果。

因此，内存会与处理器一起工作。内存擅长记忆信息，所以它能记住处理器计算出的结果和后期会用到的信息。但是，内存不擅长永久记忆，虽然记忆速度很快，却也无法做到信息的大量记忆。因此，计算机要记忆的信息会被移动到存储器并存储在那里。正是因为存储器的存在，我们才可以永久地保存自己拍摄的照片。

如上所述，计算机就是这样在许多部件的协同工作下进行运转的。

知识拓展

处理器 = "头脑"　内存 = "办公桌"　存储器 = "书架"

如果将计算机的各个部件比喻成我们生活中常见的物品，可以说，处理器是人类的"头脑"，内存是"办公桌"，存储器是"书架"。如果我们在办公桌上工作并且随意放置物品，工作空间就会变小。所以，如果把用完的物品放在书架上，工作空间就会恢复，我们也可以高效地工作。如果能把信息整理得井井有条，不仅程序，计算机也可以快速处理并高效地运转。

用"数字数据"替代文字和数字进行处理

计算机接到程序指令后，并非直接理解以文字形式呈现出的编程语言，而是通过数字数据替换文字后进行理解。

想 一 想

- 你认为计算机是如何理解数据的？
- 你身边都有什么样的"数字数据"？

>> 计算机无法理解人类的语言和文字

计算机的处理器和内存听不懂我们人类的语言，不仅如此，它们也看不懂"100、200"等数字和"A、I、U、E、O"等字符。那么，计算机是如何理解数字和文字的呢？

计算机可以理解的是一种名为"数字数据"的信息。数字数据通常由数字"1"和"0"表示，经常在代表计算机的图片上出现的"01011010101"等表示的就是数字数据。例如，计算机会用"0"和"1"替换我们所拍摄的照片中的颜色信息并进行存储；同样，对于音乐而言，有关声音强度和音调的信息也会被替换为通过"0"和"1"表示的数字数据。事实上，除此之外，我们身边还有很多数字数据呢。

知识拓展

模拟数据

与数字数据相反的信息名为"模拟数据"。例如，声音是一系列的振动，直接记录空气振动的数据就是模拟数据。在电脑或智能手机上听音乐时，音乐播放软件会将存储为数字数据的内容转换为模拟数据，通过耳机或扬声器输出，并送达我们的耳朵。计算机的工作就是对此类模拟信息和数字信息进行转换。

什么是条形码读取?

条形码和 QR 码包含大量信息

条形码

QR 码

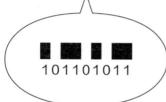

101101011

101110101101
110101011000

读码时,读码设备会将黑色部分读为"1",白色部分读为"0",1 和 0 的序列将即刻作为数字数据发送到计算机。

想 一 想

● 你认为黑线代表什么意思?

● 实际读取二维码后,会出现什么样的信息?

>> 条形码也是一种数字数据

在便利店购物时，人们需要通过设备读取产品背面的条形码来读取价格。事实上，条形码也是数字数据。请仔细观察左页中的条形码。条形码看似由各种粗细不一的黑色线条组成，但实际是许多黑白线条的排列组合。看起来很粗的线条中，其实也排列着许多细的黑或白色的线条。

条形码的线条排列因产品而异，每个产品都会通过为各自分配的不同的"JAN 码"（日本的标准条形码代码）得到管理，这便是排列在条形码下方的编号。计算机就是通过该编号对商品价格和已售商品数量等信息进行管理的。

条形码由名为扫描枪的收银设备读取，并以黑线为 1、白线为 0 的"数字数据"形式发送到计算机。将条形码读取为数字信息后，计算机可以立即确认所读内容是哪个产品的条形码。

第 5 章

知 识 拓 展

QR 码

QR 码类似于条形码，你可能也看到过左页图所示方形标记。

最近，QR 码还被用在了名为"××支付"的电子货币支付系统，使用者可以使用该码代替实体货币在收银台付款。该码被称为"二维码"或"QR 码"，可以管理比条形码更多的信息。QR 码由黑白点组成，可以存储的信息量是条形码的 200 倍。

最好不使用危险的互联网？

如果能保持"也有可能存在恐怖内容"的危机意识并且正确地使用，计算机和互联网还是非常方便的。

想 一 想

● 何时使用互联网？
● 你是否会与家人谈论互联网的使用规则和注意事项？

现在，互联网已经在生活中普及，我们应尽量安全、正确地使用如此方便的工具。在某些情况下，也有可能会因为错误的操作而遭遇"在连接到因特网后，个人信息被窃取"或"计算机遭到破坏"的情况。

针对上述情况，我要介绍两点需要注意的事项。

• 不安装不了解的软件

一些软件中隐藏有"病毒"和"蠕虫"等危险软件，如果不小心安装了这类软件，将导致电脑陷入危险的境地。例如，会出现电脑死机或者电脑里的信息遭到窃取等情况。

认为某一个软件十分便利并尝试使用后感染病毒，或者在打开冒充朋友的某人发送来的电子邮件（电子邮件诈骗）后，导致计算机处于危险之中的情况也时有发生。

为了防止类似情况的发生，我们需要保持警惕，不安装不了解的软件、不点击并忽略可疑的邮件等。

• 不向网络上传个人信息

如今，姓名、地址等个人信息被盗的情况也屡见不鲜，一些人还会利用盗取的个人信息从事犯罪活动……因此，切记不要在互联网上留下自己的个人信息。

自己家与自家附近的照片可以被人用作识别家庭住址的重要提示。因此，与家庭信息相关的照片也要避免上传至网络。

第 **5** 章

计算机的发展历史

现在网络十分发达，计算机已经离不开互联网；而如果没有互联网的存在，计算机也不会发展到现在的水平。此外，从计算机的历史发展背景来看，战争对计算机的发展也产生了深刻的影响。

计算机最初曾被数学家们用于研究，但在第二次世界大战期间（1940年前后），英国和美国开始利用计算机破译密码、计算导弹的弹道，计算机因此得以迅速发展。与此同时，他们还使用了名为"网络主机"的网络计算机线路。然而如果主机被敌国摧毁，整个网络就无法使用了。于是，人们创建了一种无需主机亦可以管理多条线路的机制，这便是"互联网"的起源。

这也就是说，即使位于世界某处的计算机出现故障，互联网也能通过其他路线及时给予应对，因此可以实现稳定通信。

战争永远都不应该发生，但令人遗憾的现实是，计算机技术的确曾因战争而得到快速进步。

Java
Script

Swift

C#

HTML

Java

PHP

第 6 章

成为"编程大脑"

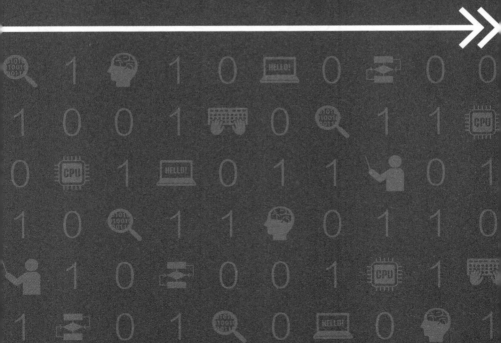

如何成为"编程大脑"?

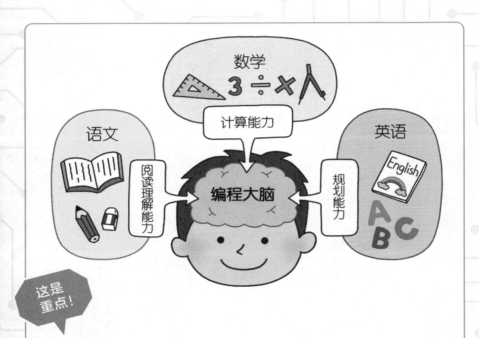

阅读理解能力、计算能力和规划能力对于"编程大脑"至关重要!

想 一 想

- 编程需要哪些能力?
- 学习编程需要学习哪些课程?

任何职业都需要从业者具备相应的才能。例如，通过言行让人发笑的搞笑艺人、让人沉浸于故事中的作家……编程亦是如此。那么我们应如何培养编程所需要的思维能力，即所谓的"编程大脑"呢？

我曾在第 1 章中围绕这一话题做出过简要说明，在本章中我将再次介绍编程大脑所需要的能力。

编程大脑需要具备阅读理解能力、计算能力、规划能力，事实上，在学校的学习对于上述能力的培养非常重要。

具体来说就是语文、数学、英语的学习，尤其初中以后的数学、英语知识会发挥重要作用。

除此之外，游戏和人工智能领域的编程还需要更高层次的知识。要培养"编程大脑"，首先要通过日常学习磨炼基本功。

第 6 章

知 识 拓 展

适合编程的人

很多编程小能手都擅长益智游戏。此外，看到家用电器的内部构造后感到兴奋并对其运转方式感兴趣的人，可能也比较适合编程。

正确"读解"编程

正确回答问题，将显示"恭喜！"

键入的文本

```
01 <script>
02 let answer = 3;
03 let me = prompt ('1+2 的答案是? ');
04 if ( me == answer ) {
05 alert ( ' 恭喜！ ' );
06 } else {
07 alert ( ' 很遗憾！ ' );
08 }
```

程序的含义

设置正确答案
提出问题
将玩家的答案与正确答案进行比较
答案正确时显示与其相符的内容
否则（如果答案不正确）
显示答案不正确的内容

正确回答问题，则会显示"恭喜！"　编程 → ？

正确回答问题，将显示"恭喜！" → 换句话说 → 玩家的答案与问题的正确答案相符 → 编程 → if（答案 == 正确答案）

想 一 想

- 编程所需的"阅读理解能力"是指什么？
- 怎样才能养成思考"语意"的能力？

编程需要阅读理解能力，阅读理解能力是正确阅读、理解并思考文本含义的能力。此外，还包括基于文本论述个人观点的能力。

创建程序时，人们首先会有"想在计算机上做某事"的愿望和要求。其次要将自己的愿望和要求"翻译"成一种名为"编程语言"的特殊语言，但我们的语言（名为自然语言）与编程语言并不相通。如左页所示，假设我们要尝试制作一个"正确回答问题，将显示'恭喜！'"的问答游戏程序。

此时，程序中无法识别"正确回答问题"的表述。如果想表达"正确回答问题"，应如何进行表述呢？在这种情况下，我们可以表述为"答案与正确答案相同"。第 4 行的内容"if(me==answer){"就是与其对应的表达，即如果"me（我）"和"answer（答案）"相同，则会显示"恭喜！"。你也许会认为这似乎没有任何难度，但使用与编程语言匹配的表达方式来替换我们的习惯性表述其实并不容易。用不同的语言形式去表述同一意思的语言转换能力，是通过提高语言的读解和思考能力来实现的。

如何做到高效编程?

编程实例 ①

```
01 for ( let i=0; i<10; i++ ) {
02 相邻行显示不同颜色
03 }
```

编程实例 ②

```
01 <script>
02 for (let i=0; i<10; i++) {
03 if (i%2 === 0) {
04 document.write(' ■ ');
05 } else {
06 document.write(' □ ');
07 }
08 }
09 </script>
```

1	草莓
2	苹果
3	橘子
4	桃子

我想让相邻行
显示不同颜色

想 一 想

● 你是否记得怎样才能显示 10 行的表格?
● 怎样表达"相邻行"?

下面，我们试着来考虑一下如何创建以下程序。

"我想制作一个相邻行显示不同颜色的列表"，在这种情况下，"相邻行"应该通过什么样的程序来表述呢？

如果只需要显示 10 行的表格，可以使用第 46 页介绍的"循环"程序（左页编程实例①）。

那么，我们如何才能让计算机做到"相邻行显示不同背景色"呢？在这种情况下，了解以下规律将十分重要！

一个数除以 2，如果有余数，余数一定是 1 或 0。换句话说，我们可以观察数字 0 到 9 加 1（0+1=1、1+1=2、2+1=3……）并除以 2 后得出的余数。不难发现，余数会重复出现 0 或 1，所以我们可以按照余数为 0 时颜色发生变化的思路创建程序，这样就可以呈现出"相邻行显示不同背景色"的效果（左页编程实例②第 3 行）。

同样的，如果是每 3 行显示不同颜色就除以 3，如果是每 4 行就除以 4。虽然数字会发生变化，但余数为 0 时颜色发生变化的思路是相同的。如果理解了这个机制，我们就可以利用这一思路表达"每几行""每几个"了。

这些知识可以通过数学学习来获得，虽然难度并不算大，但就像基于数学的基本思维方式解决难题一样，只有养成"数字意识"才能找到编程所需的高效方法。

第 6 章

是不是每个程序员都有自己的烦恼?

>> 在日常生活中养成的"规划力"

接下来是"规划力",也可以说是"精进不休的精神"。其实,很多程序员都非常怕"麻烦"。当然,他们并不是认为学习很烦人或不喜欢努力。实际上,许多程序员只是不喜欢简单和低效的工作,他们总会在工作中尽可能找到最高效的解决办法。

另一方面,每当效率略低并且重复进行简单的工作时,就算没有"太麻烦了"和"为什么不能更高效地开展工作"等消极沮丧的情绪,可能也很难创建出拥有极致性能的程序。基于"哪怕只是 1 分钟或 1 秒钟的差异,也希望尽快完成工作"的心态,专业的程序员需要具备一定的思考能力,在创建程序文本的过程中,找到最恰当的表述方式。

只要肯下功夫,这样的能力就可以在日常生活中自然而然地得到提升。例如,如果你在上学前需要很长的准备时间,则最好提前写下自己需要的物品,如"手帕、纸巾、名牌、作业、确认时间表"等,这样一来,便无须在清晨花费额外的时间用于准备工作,同时还可以防止因为出门忘记携带某些必备物品而折返家中。

在日常生活中培养"规划力"是能够让人们快速提高执行效率的重要途径。在创建程序之前做好计划和准备,可以在工作中减少错误的发生并高效地开展工作。

编程的未来

近年来，由于人工智能的发展，编程世界经历了快速演变。

人工智能可以理解人类的对话和问题并找到最佳答案，可以将某种语言翻译成外语，甚至还能预测并找到我们正在寻找的物品。

毫无疑问，"人工智能编程"已经成为当下这个时代重要的关键词。这是一项在我们不编写编程语言的情况下让人工智能系统实现自动思考和真正自主编程的研究。

你可能会想："那岂不是不用学编程了？"事实并非如此，人工智能只能做"编写语言"的工作，正如本书介绍的那样，编程的精髓不在于语言的编写，而在于对数据"结构"和"算法"本质的思考。

相反，人类不再编写编程语言则意味着"思考"的工作变得越来越重要了。

当然，10 年、20 年后也许能够真正实现人工智能编程，但现在看来，我们还有很长的路要走。放眼当下，我们仍然需要学习编程语言的编写方法。

HTML

Swift

Java Script

PHP

Java

C#

第 **7** 章

学习编程的

方法

1

看书、动手是自学的关键

通过书本学习的特点

优点

· 随时随地学习
· 可以反复阅读
· 可以根据自己的知识水平和需求学习

缺点

· 阅读需要时间
· 学习中遇到不懂的问题没有办法解决

因此……

· 博览群书
· 善于动手
· 遇到不懂的问题要转换学习思路

想 一 想

● **你有自己喜欢的编程书籍吗？**

106

>> 选择适合自己水平的书

如何学好编程？最简单的方法还是通过书本学习，线下和线上的书店都有很多入门书籍。然而，通过书本学习很容易厌倦并且经常感到沮丧。下面我将介绍几种能避免无聊的学习方式。

● 阅读和比较各种书籍

如果只买 1 本编程书来学习，每当遇到自己不理解的内容时，将无法解决。但是，有时那些内容会在另一本书中以易于理解的方式呈现出来。所以最好能多准备几本书，也可以在图书馆进行阅读，你可以尝试比较，找到适合自己看的书籍。

● 在动手实践中开展学习

读书即学习，但如果不动手操作，则无法真正熟练地掌握编程——这和运动是一个道理。每当学完一个知识点，一定要动手操作，边学边尝试编程。

● 遇到不懂的问题要转换学习思路

一些人会感觉编程很困难，在学习过程中很容易受挫。但是，请记住在任何时候都不要停止学习或感到沮丧，我们可以通过另一种方式继续学习。如果在看书时遇到问题，可以暂停学习的脚步。可能只是因为这本书的难度还不太适合你，所以你可以试着阅读其他书籍或使用其他（稍后介绍的）方法展开学习，过段时间重新阅读暂时搁置的那本书，也许你就能真正理解书中的意思了。

视觉记忆也是一个好方法，
通过视频轻松学习

通过视频学习的特点

优点

· 操作详细易懂
· 能够按照适合自己的节奏学习
· 可以反复回放

缺点

· 跟不上进度
· 不易进行部分回放

因此……

· 根据自己的喜好调整视频播放速度
· 记录自己想要回放的内容的时间

想 一 想

● 你是否会经常看编程视频？
● 遇到不明白的内容你会怎么处理？

>> 视觉信息易于理解

人们每天都会在视频网站上观看大量的在线视频，自然，其中也有很多学习编程的视频。以视频形式呈现的学习内容，可以让学习者看到程序实际运行的情况，边听讲解边学习，比书本更直观、更容易理解。下面我就介绍一下如何通过视频学习。

● 根据自己的喜好调整视频播放速度

在视频网站，我们可以在 0.5 倍速到 2 倍速之间自由调整视频播放速度。如果语速过快，就放慢速度；如果过慢，就加快速度。总之，可以根据自己的喜好调整视频播放速度。

● 记录自己想要回放的内容的时间

通过视频来学习，将很难回放视频中的某一个片段，为此，我们不得不拖动进度条进行查找。因此，如果有因为不理解或者自己认为有用而希望回放的内容，请务必记录其播放时间点。这样一来，就可以随时回放相应内容了。

第 7 章

知 识 拓 展

视频教程的其他学习方法

除了通过视频网站学习编程，还有一种通过视频学习的方法，即使用入门书随附的 DVD 进行学习。当然，通过这种方式学习需要支付购买费用，但因为可以在观看视频的同时对照教科书进行查看，所以学习起来更加方便。此外，还有不配备纸质材料的 DVD 培训教材。

3

在编程学校学习

在学校学习的特点

优点

· 老师现场教学
· 有什么不懂的，可以随时提问
· 可以和好朋友一起学习

缺点

· 很难满足自己的需求
· 一旦停止学习，影响巨大
· 外出学习很辛苦，还要为此付出经济代价

因此……

· 针对具体的问题向老师大量提问
· 预习和复习课程

想 一 想

● 你想在编程学校学到什么？

编程学校现已成为学生学习编程技能的重要场所之一，数量非常多，我敢肯定你家附近也有一两所编程学校。

因为有老师和朋友，去编程学校的好处是大家可以一起快乐地学习。但是，每周去一次学校的确不利于知识的理解与掌握。所以我建议去编程学校的同时，通过前面介绍的看书和看视频等方式辅助学习。

接下来，我将介绍在学校学习编程的有效方法。

● 针对具体的问题向老师大量提问

在编程学校学习时，要勇于向老师大量提问。在认真听课的基础上，自己主动提出一些问题，会更快且更加深刻地理解所学知识。提问内容可以是自己看书时未能理解的部分，或者是自己想做但是又无从下手的程序等。

● 预习和复习课程

课程内容只学一次通常很难理解，在这种情况下，请务必在回家后进行复习。如有问题，可以在下次上课时请老师解答。此外，对于下一次课程的内容，也请做好预习，不明白的地方可以问老师。

● 在线课程

如今，有些学校支持在线学习，学生可以轻松地在任何地方学习。参加在线课程期间，学生可以在导师的指导下开展学习。

出错也没关系，在体验中学习

体验式学习的特点

优点

· 边玩边学
· 很容易就能知道下一步该怎么做
· 克服困难后有成就感

缺点

· 无法学习深奥的内容
· 种类少

因此……

· 与看书和在学校学习等方式相结合
· 避免过度体验

面向初学者和可以制作的用户

想 一 想

● 当提示"错误"，辨明原因并解决后，你的感受如何？

>> 出现错误后可安心纠正

很多人都会在学习编程的过程中因"出现错误"而备感受挫（见第 44 页），哪怕只是写错了 1 个字符，程序也可能完全无法运行。如果找不到错误的部分，编程将无法继续向前推进。然而，"体验式编程"则不会出现这种情况，它会在你编写程序发生错误时立即提示"编程错误"。

如果输入了错误的程序，屏幕上会立即出现提示，我们可以反复学习，直到输入正确为止。体验式编程可使用以下几种软件。

● Swift Playgrounds

可以在苹果手机和 iPad 等平板电脑上学习的体验式编程软件。体验者可以通过该应用直接在 iPad 上使用创建应用程序的编程语言 Swift。

● Progate

既可以通过计算机浏览器进行学习，也可以在智能手机上安装应用程序进行学习。通过学习，体验者能掌握各种技术，其中也包括网络程序员的编程语言。教学的对象是初中生、高中生及更高年龄段的学员。

体验式编程软件和应用种类繁多，但需要注意的是，体验者并不能通过它们深入学习。这只是一种让人了解并且熟悉编程的方式。正如字面所述，体验式编程实际上只能达到"体验"的目的，要进一步学习编程，最好再另外通过看书或前往编程学校等其他方式进行学习。

5

边玩边学编程

边玩边学的特点

优点

· 在玩耍中学习
· 把自己的想法付诸实践
· 与朋友一起玩

缺点

· 可以做的事情有限
· 与真正的编程存在差异

因此……

· 少量学习后进行多方面、深层次的学习
· 少玩玩具

想 一 想

● **你喜欢哪款编程游戏？**

>> 游戏与玩具推荐

近年来，游戏中也加入了编程元素，可以边玩边学的游戏有很多。电脑与智能手机自不必说，桌游即使不使用电脑也能玩，当然，还有可以用任天堂 Switch 等游戏机玩的游戏。

此外，还可以在电脑或 iPad 等平板电脑上创建程序，并通过执行程序实现对玩具机器人的控制。下面我介绍一些可以边玩边学编程的代表性游戏与玩具。

● 《做了就会，初次游戏编程》

这是一款模拟程序设计的游戏，体验者可以使用任天堂游戏机制作游戏，结合详细说明进行真正的编程挑战。

● 乐高教育

即通过使用乐高积木学习 STEAM（科学、技术、工程、艺术、数学）。其中，SPIKE PRIME 科创套装（一套针对中学阶段的 STEAM 教学工具）中，有可使用程序操作进行控制的积木颗粒和编程工具，体验者可以通过程序的执行让自己拼搭出的积木组合自如地活动，轻松拥有完美的游戏体验。

● Minecraft（我的世界）

一款风靡全球、累计销量突破 1.5 亿套的电脑游戏。体验者可以在游戏中打龙、拼砌积木，还可以将名为"Code connection for Minecraft"的软件添加并连接到"我的世界"，进行可视化编程的学习。

6

到什么阶段就能实际进行程序创建了?

创建大量程序,享受成就感!

● 如果说从现在开始都不算晚,你是否会有想要制作程序
的渴望?

>> 你对挑战的态度是最重要的

从开始学习编程到能够结合自身喜好创建程序需要多久？答案是马上就可以。

编程永无止境，不管已经学了多少，新的知识都会源源不断地呈现在我们眼前。因此，如果总是抱有学习所有知识之后再进行尝试的观念，我们将永远无法成功。

通过体验式编程（见第112页）进行体验之后，可以立即开始制作自己想要创建的程序。当然，一开始做起来可能并不容易。有时你可能无法马上判断出自己接下来要做些什么，有时也会出现程序无法顺利运行的情况。

不过没关系，在抱有疑问的状态下开展学习，你会发现："哦，原来我是卡在这里了！"或者找到自己所需的信息并感叹道："这就是我一直寻找的答案！"总之，请务必享受学习中的乐趣并坚持不懈。

第7章

知 识 拓 展

改造作品并学习

如果不知道自己想要创建什么程序，也可以试着改造入门书中的教学案例或在学校创作的作品。只需进行一些更改，原本简单的程序就会变得复杂。如果改动了程序中的某一个部分，就需要相应地调整其他部分，即使只是修改也会加深你对程序结构的理解。